차 례

학원 _____

이름 _____

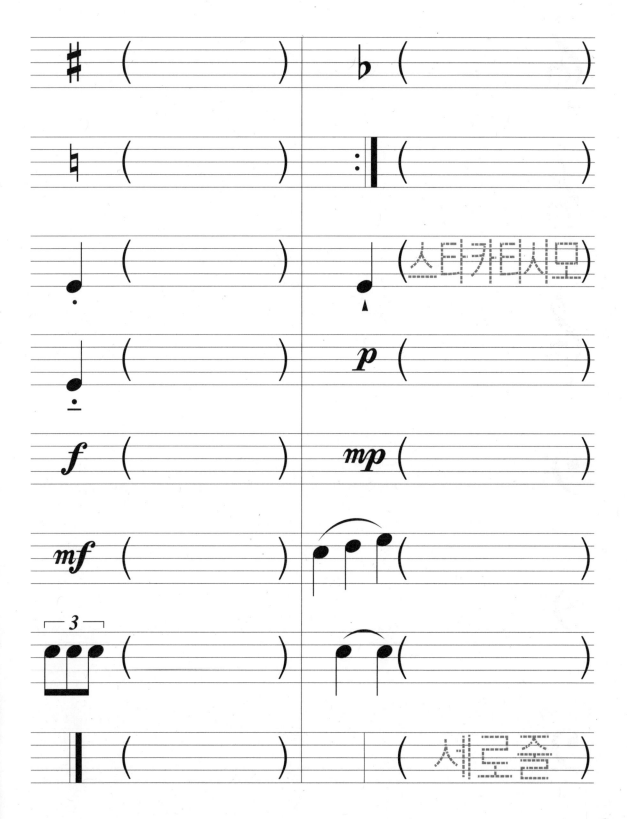

🎵 (　) 안에 이름을 써 보세요.

세로줄과 끝세로줄을 따라서 그리고, 마디 번호를 써 보세요.

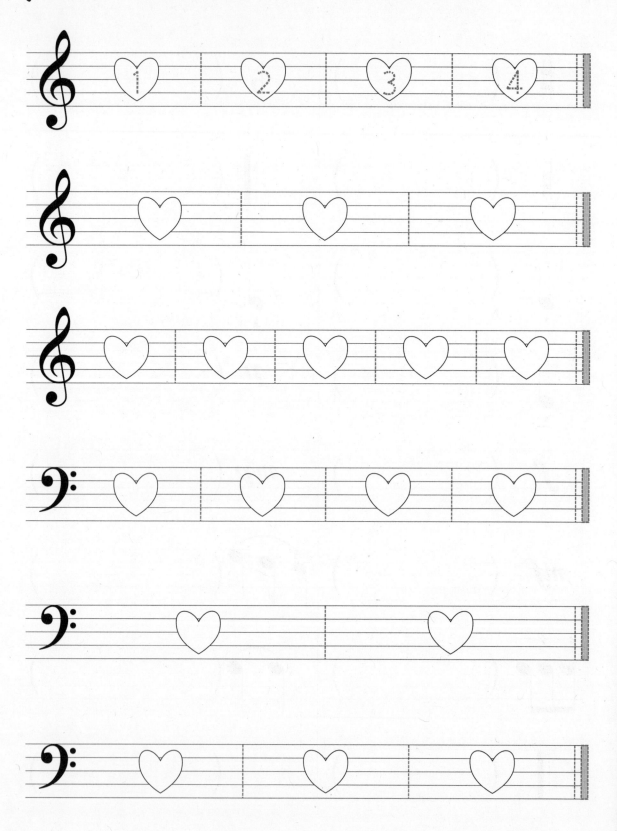

🎵 (   ) 안의 마디 수에 맞게 세로줄을 그어 마디를 나누어 보세요.

(4) 마디

(3) 마디

(4) 마디

(3) 마디

(5) 마디

(4) 마디

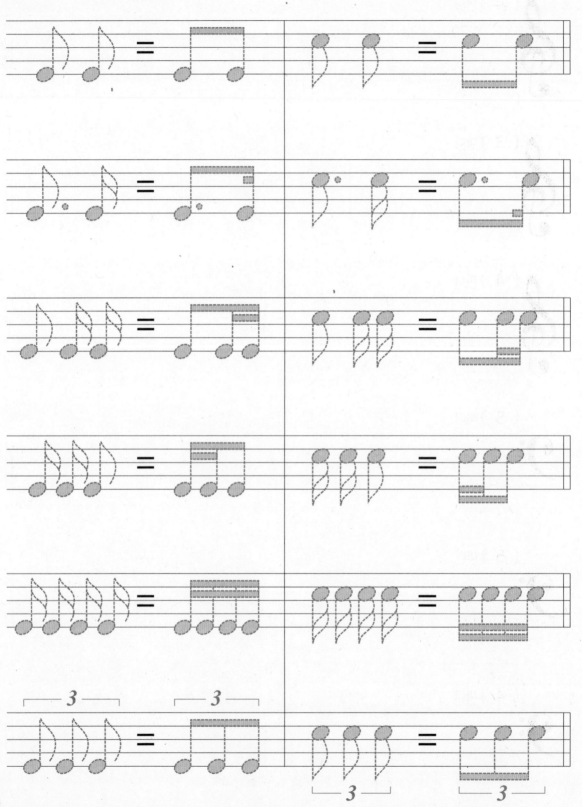

따라서 그려 보세요.

🎵 계이름을 써 보세요.

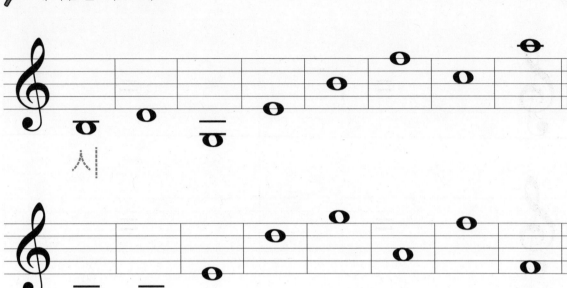

세

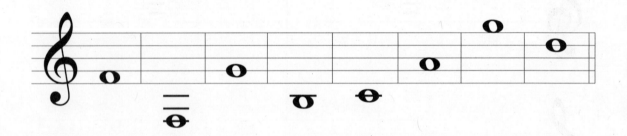

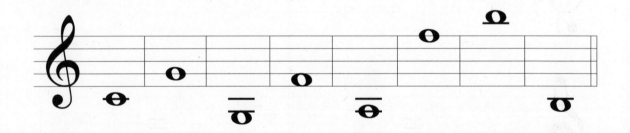

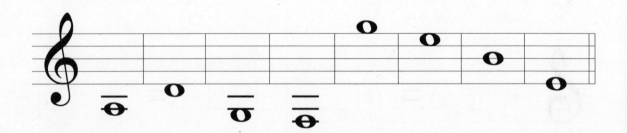

🎵 계이름을 써 보세요.

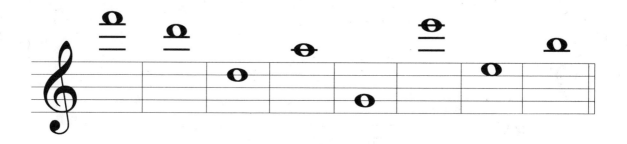

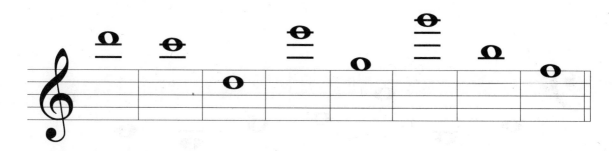

계이름을 써 보세요.

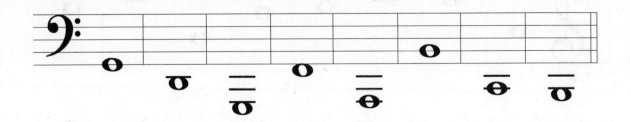

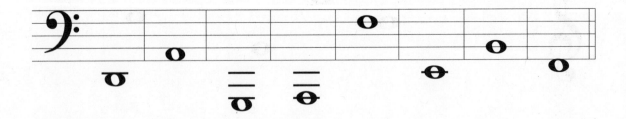

🎵 계이름을 써 보세요.

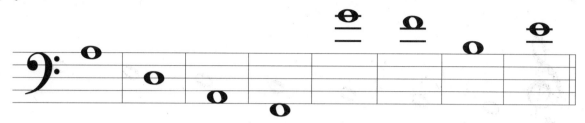

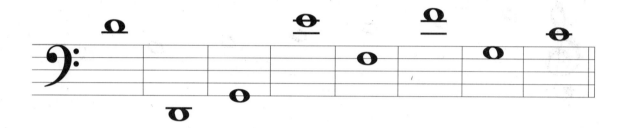

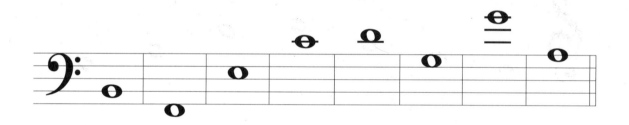

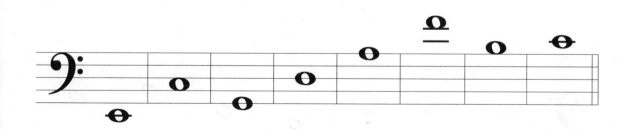

🎵 음표의 기둥을 바르게 그려 보세요.

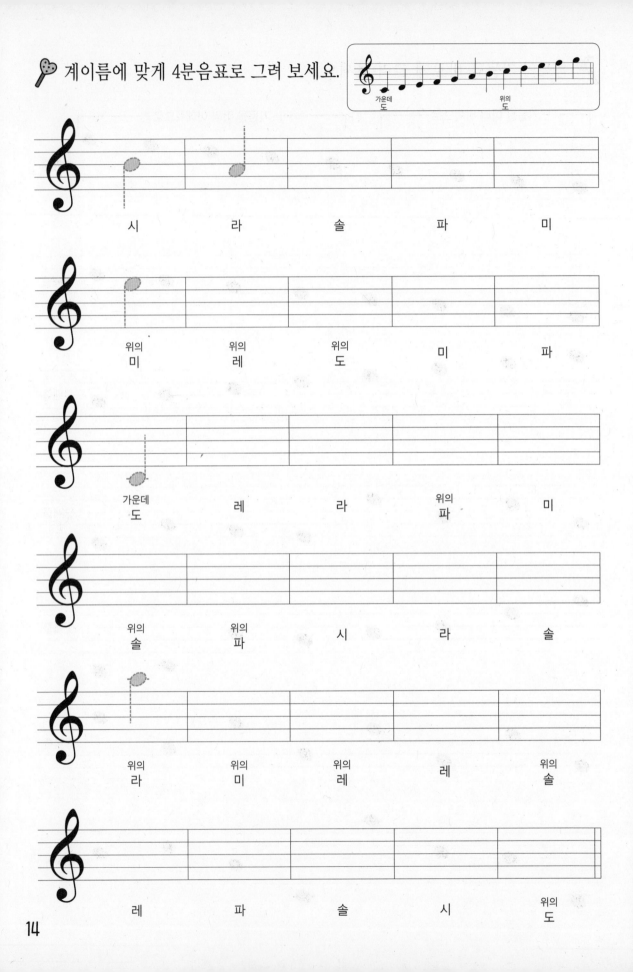

계이름에 맞게 8분음표로 그려 보세요.

15

🎵 계이름에 맞게 4분음표로 그려 보세요.

아래 아래	아래 아래	아래 아래	아래	아래
라	솔	시	파	솔

아래 아래	아래 아래	아래 아래	아래	아래
라	솔	시	파	솔

아래 아래	아래 아래	아래	아래	아래
시	라	파	라	시

아래 아래	아래	아래	아래 아래	아래 아래
파	도	레	시	솔

가운데	아래	아래	가운데	아래
레	라	솔	도	파

아래	아래 아래	아래 아래	아래	아래
도	솔	라	미	레

$\frac{2}{4}$박자 (◎ ○) (♩ ♩)

　　　강　약　　　∨　∨

$\frac{2}{4}$박자 (◎ ○) (♩ ♩)

　　　강　약　　　∨　∨

$\frac{2}{4}$박자 (　　) (　　)

$\frac{2}{4}$박자 (　　) (　　)

$\frac{2}{4}$박자 (　　) (　　)

$\frac{2}{4}$박자 (　　) (　　)

$\frac{2}{4}$박자 (　　) (　　)

🎵 따라서 써 보세요.

$\frac{3}{4}$박자 (◎ ○ ○) (♩ ♩ ♩)

강 약 약 ∨ ∨ ∨

$\frac{3}{4}$박자 (◎ ○ ○) (♩ ♩ ♩)

강 약 약 ∨ ∨ ∨

$\frac{3}{4}$박자 ( ) ( )

$\frac{3}{4}$박자 ( ) ( )

$\frac{3}{4}$박자 ( ) ( )

$\frac{3}{4}$박자 ( ) ( )

$\frac{3}{4}$박자 ( ) ( )

따라서 써 보세요.

$\frac{4}{4}$박자 (◎ ○ ○ ○) (♩ ♩ ♩ ♩)
강 약 중강 약 ∨ ∨ ∨ ∨

$\frac{4}{4}$박자 (◎ ○ ○ ○) (♩ ♩ ♩ ♩)
강 약 중강 약 ∨ ∨ ∨ ∨

$\frac{4}{4}$박자 ( ) ( )

$\frac{4}{4}$박자 ( ) ( )

$\frac{4}{4}$박자 ( ) ( )

$\frac{4}{4}$박자 ( ) ( )

$\frac{4}{4}$박자 ( ) ( )

( ) 안에 알맞은 박자표를 써 보세요.

22

🎵 리듬표를 그리면서 $\frac{2}{4}$박자의 여러 리듬을 익혀 보세요.

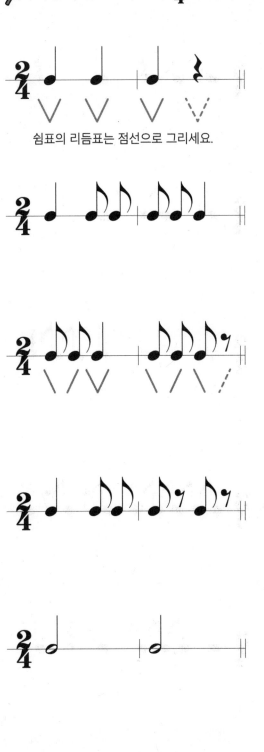

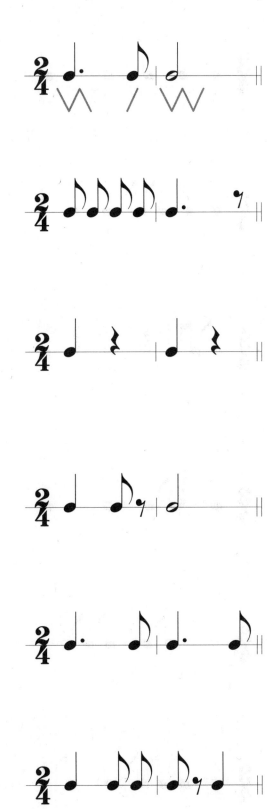

쉼표의 리듬표는 점선으로 그리세요.

리듬표를 그리면서 **¾**박자의 여러 리듬을 익혀 보세요.

24

🎵 리듬표를 그리면서 4/4박자의 여러 리듬을 익혀 보세요.

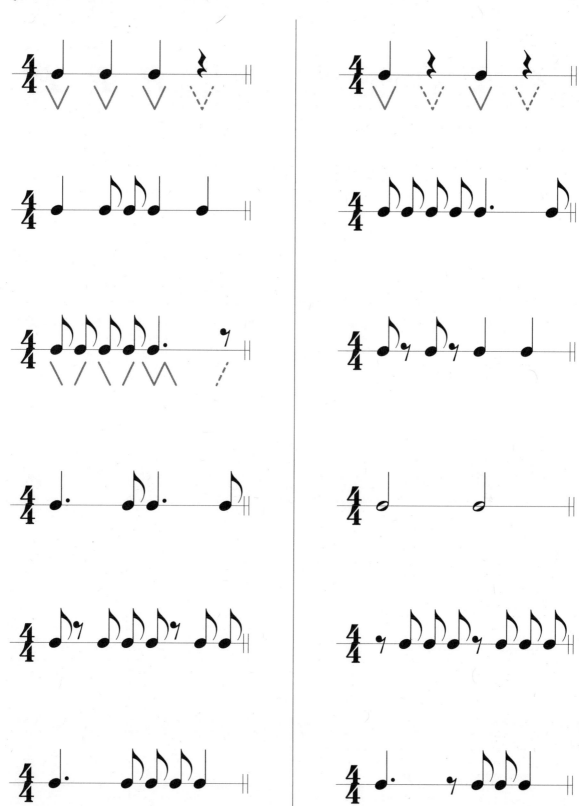

🔑 따라서 쓰면서 외워 보세요.

셈여림표	읽기	뜻	쓰기
p	피아노	여리게	*p p p*
mp	메조피아노	조금 여리게	*mp mp*

🎵 따라서 쓰면서 외워 보세요.

셈여림표	읽기	뜻	쓰기
pp	피아니시모	매우 여리게	*pp* *pp*

🎵 여린 셈여림표들을 순서대로 그려 보세요.

pp → *p* → *mp*	*pp* → *p* → *mp*
→ *p* →	→ *p* →
→ → *mp*	→ → *mp*

27

셈여림표	읽기	뜻	쓰기
f	포르테	세게	*f f f*
mf	메조포르테	조금 세게	*mf mf*

28

셈여림표	읽기	뜻	쓰기
𝆑𝆑	포르티시모	매우 세게	𝆑𝆑 𝆑𝆑

🎵 센 셈여림표들을 순서대로 그려 보세요.

mf → *f* → *ff*	*mf* → *f* → *ff*
mf → *f* → *ff*	*mf* → *f* → *ff*
mf → *f* → *ff*	*mf* → *f* → *ff*

셈여림표를 여린 것부터 센 것 순서로 그려 보세요.

pp → p → mp → mf → f → ff

→ → → → →

→ → → → →

→ → → → →

→ → → → →

→ → → → →

→ → → → →

→ → → → →

🎵 (　) 안에 알맞은 셈여림표를 그려 보세요.

p →(　)→ mf	mp →(　)→ f
(　)→ mp → mf	(　)→ mf → f
mf →(　)→ ff	(　)→ f → ff
pp → p →(　)	mp → mf →(　)
pp →(　)→ mp	mf → f →(　)

🎵 ◯ 안에 알맞은 셈여림표를 그려 보세요.

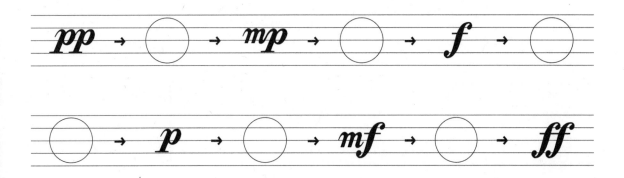

pp → ◯ → mp → ◯ → f → ◯

◯ → p → ◯ → mf → ◯ → ff

다 라 마 바 사 가 나 다

흰건반에 우리나라 음이름을 바르게 써 보세요.

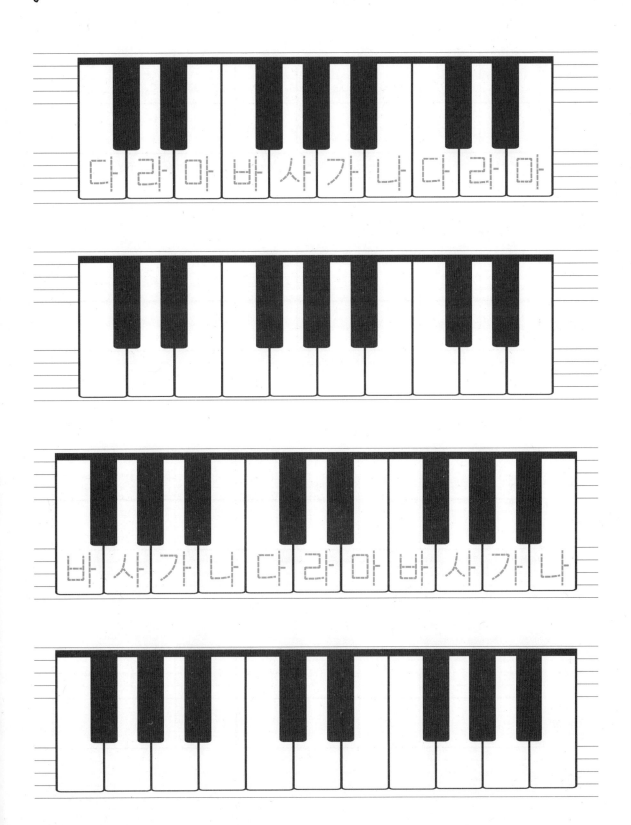

계이름에 맞는 우리나라 음이름을 써 보세요.

계이름	도	레	미	파	솔	라	시	도
음이름	다	라	마	바	사	가	나	다

계이름	도	레	미	파	솔	라	시	도
음이름	다							

계이름	도	레	미	파	솔	라	시	도
음이름		라						

계이름	도	레	미	파	솔	라	시	도
음이름					가			

도	솔	라	레	시	미
다	사	가	라	나	마

레	파	미	시	솔	도
라					

라	시	미	레	파	솔
가					

솔	라	도	레	파	미

음을 따라서 그리고, 우리나라 음이름을 써 보세요.

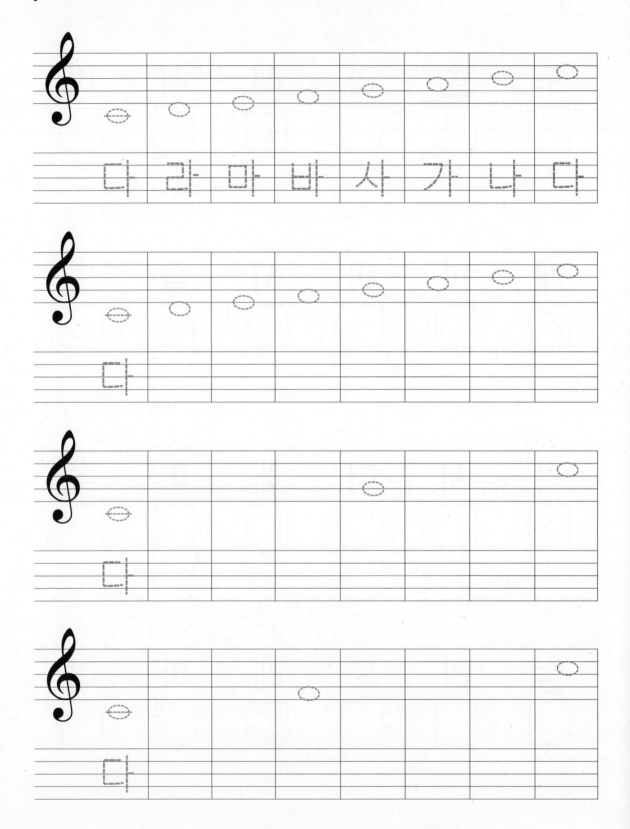

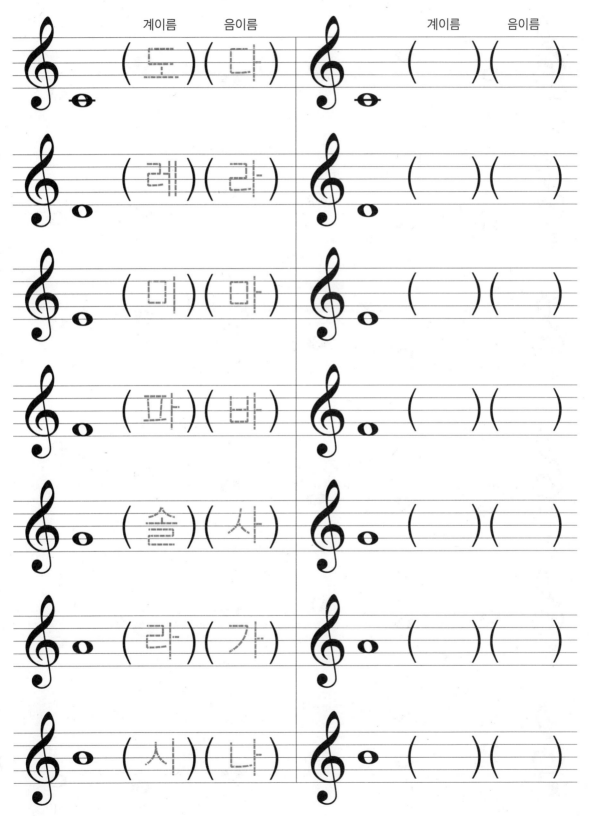

🎵 계이름과 우리나라 음이름을 써 보세요.

🎵 (   ) 안에 알맞게 써 보세요.

낮은음자리표

	계이름	음이름			계이름	음이름

(솔)(다)   (   )(   )

(레)(라)   (   )(   )

(미)(마)   (   )(   )

(파)(바)   (   )(   )

(솔)(사)   (   )(   )

(라)(가)   (   )(   )

(시)(나)   (   )(   )

39

🎵 계이름과 우리나라 음이름을 써 보세요.

🎵 박자표 **C**와 **₵**를 배워보세요.

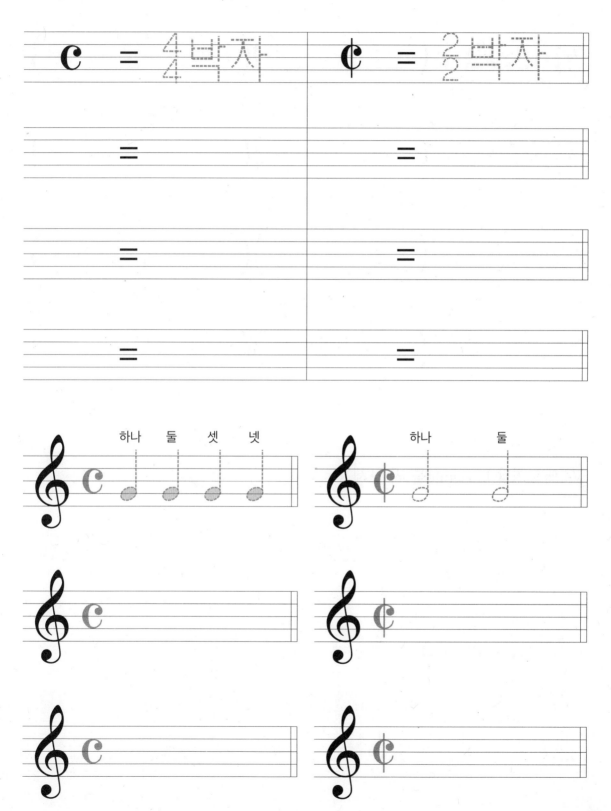

🎵 빠르기말 Moderato(모테라토)를 쓰면서 외워 보세요.

	이름	뜻
Moderato	(모테라토)	(보통 빠르기)
Moderato	( )	( )
Moderato	( )	( )
Moderato	( )	( )

🎵 빠르기말 Moderato를 써 보세요.

Moderato	Moderato	Moderato
Moderato	M	M
M	M	M

빠르기말 Allegro(알레그로)를 쓰면서 외워 보세요.

	이름	뜻
Allegro	(알레그로)	(빠르게)
Allegro	( )	( )
Allegro	( )	( )
Allegro	( )	( )

 빠르기말 Allegro를 써 보세요.

Allegro	Allegro	Allegro
Allegro	A	A
A	A	A

43

🎵 빠르기말 Allegretto(알레그레토)를 쓰면서 외워 보세요.

	이름	뜻
Allegretto	(알레그레토)	(조금 빠르게)
Allegretto	( )	( )
Allegretto	( )	( )
Allegretto	( )	( )

🎵 빠르기말 Allegretto를 써 보세요.

Allegretto	**Allegretto**	**Allegretto**
Allegretto	A	A
A	A	A

44

🎵 빠르기말 Andante(안단테)를 쓰면서 외워 보세요.

	이름	뜻
Andante	(안단테)	(느리게)
Andante	( )	( )
Andante	( )	( )
Andante	( )	( )

🎵 빠르기말 Andante를 써 보세요.

Andante	**Andante**	**Andante**
Andante	**A**	**A**
A	**A**	**A**

🎵 높은음자리표와 음을 따라서 그리고, 음이름을 써 보세요.

🎵 건반에 우리나라 음이름을 써 보세요.

낮은음자리표와 음을 따라서 그리고, 음이름을 써 보세요.

건반에 우리나라 음이름을 써 보세요.

47

🎵 건반에 맞는 계이름과 우리나라 음이름을 써 보세요.

계이름	도	레	미	파	솔	라	시	도	레	미
음이름	다	라	마	바	사	가	나	다	라	마
계이름	도				솔					
음이름	다				사					

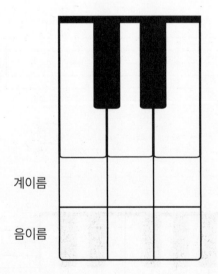

계이름			
음이름			

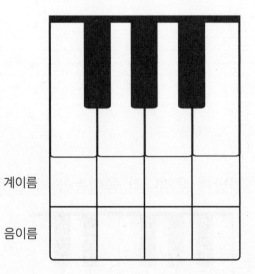

계이름				
음이름				

계이름	파	솔	라	시	도	레	미	파	솔	라	시
음이름	바	사	가	나	다	라	마	바	사	가	나
계이름	파				도						
음이름	바				다						

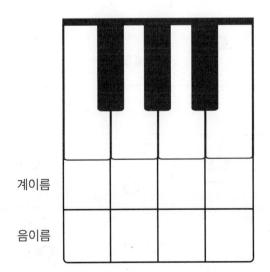

계이름

음이름

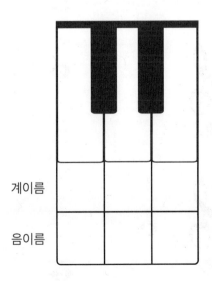

계이름

음이름

🎵 계이름과 우리나라 음이름을 써 보세요.

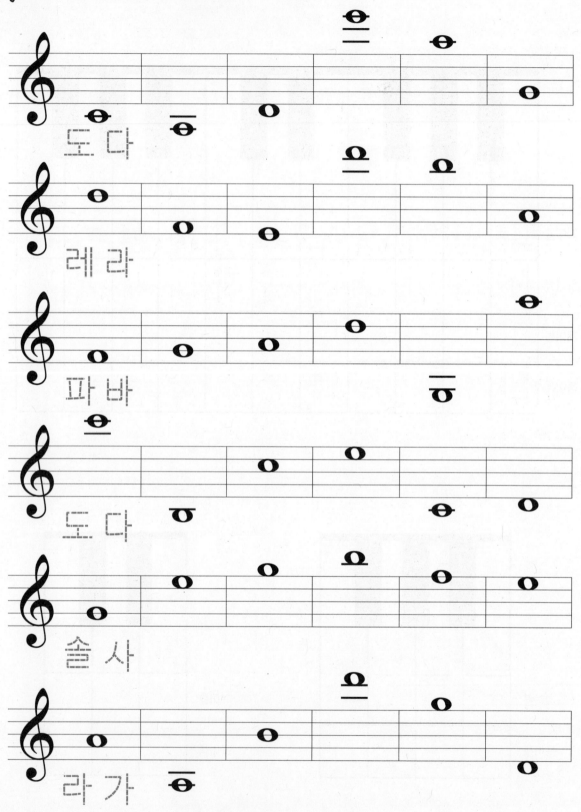

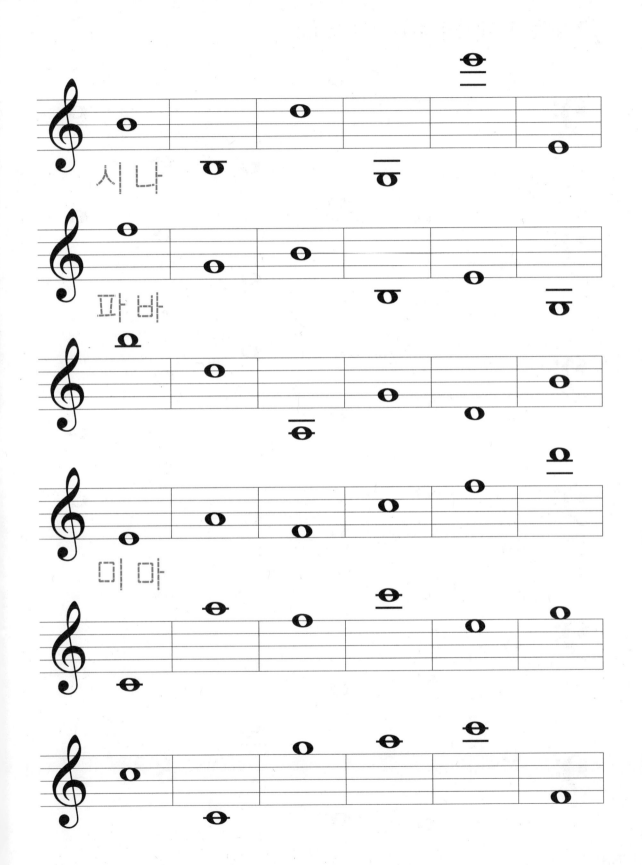

$\frac{2}{4}$ 박자의 리듬을 따라서 그려 보세요.

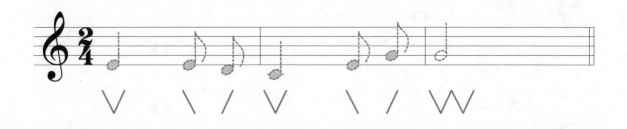

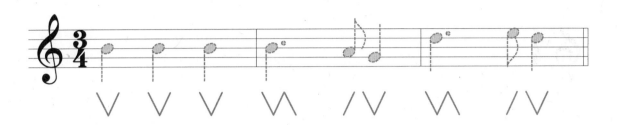 🎵 **¾ 박자의 리듬을 따라서 그려 보세요.**

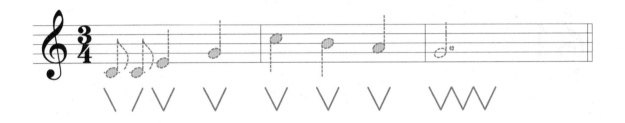

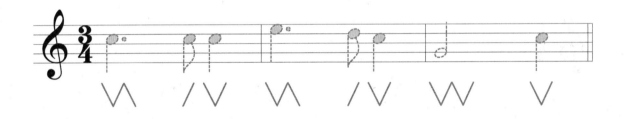

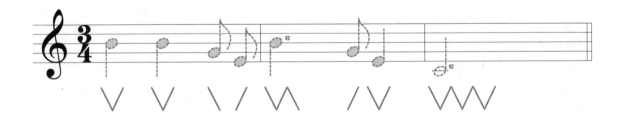

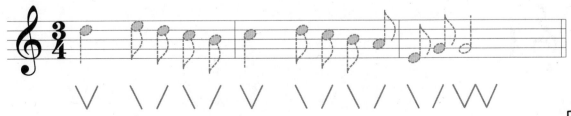

🔑 $\frac{4}{4}$ 박자의 리듬을 따라서 그려 보세요.

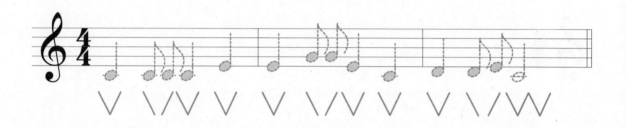

리듬표를 그리고 각 박자에 맞게 세로줄을 그어 보세요.

따라서 쓰고, 빈 곳을 채우세요.

	이름	뜻
Moderato	모데라토	보통 빠르게
Moderato		
Moderato		
Moderato		
Allegro	알레그로	빠르게
Allegro		
Allegro		
Allegro		

	이름	뜻
Allegretto	알레그레토	조금 빠르게
Allegretto		
Allegretto		
Allegretto		
Andante	안단테	느리게
Andante		
Andante		
Andante		

🎵 계이름을 써 보세요.

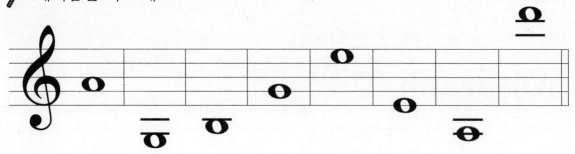

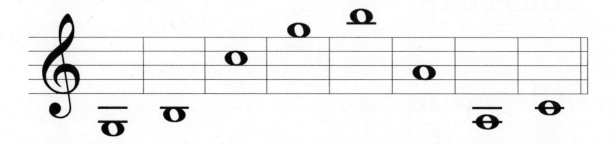

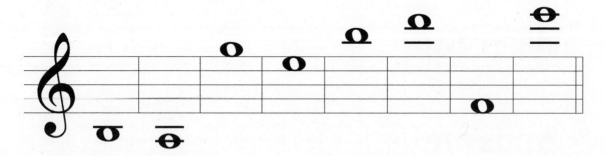

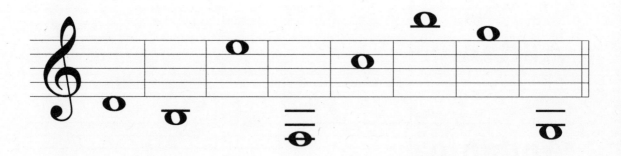

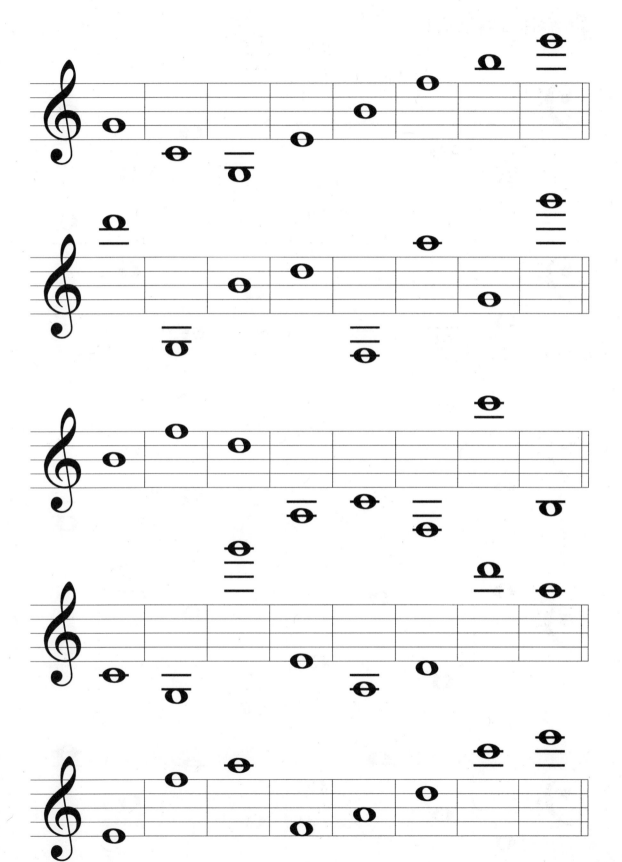

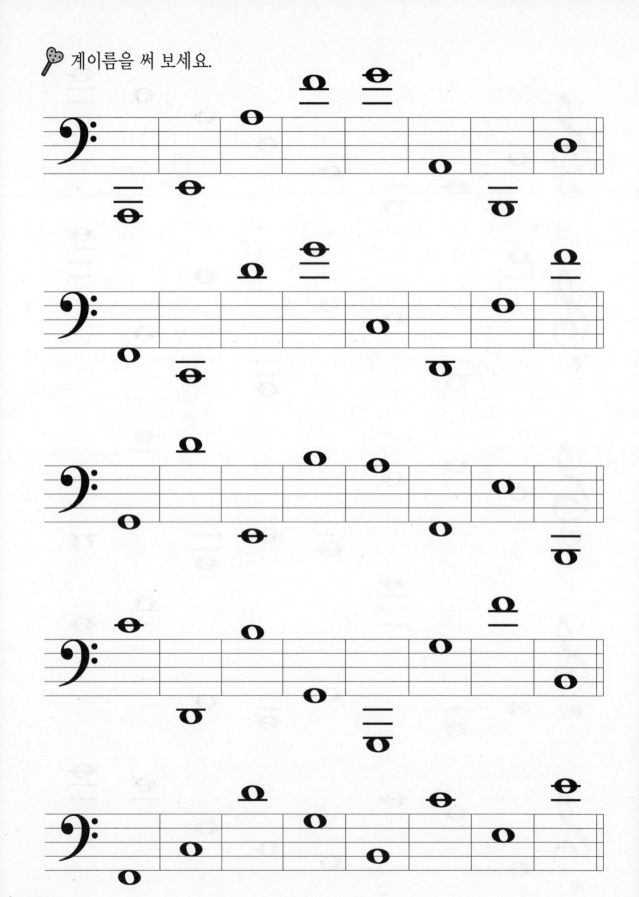

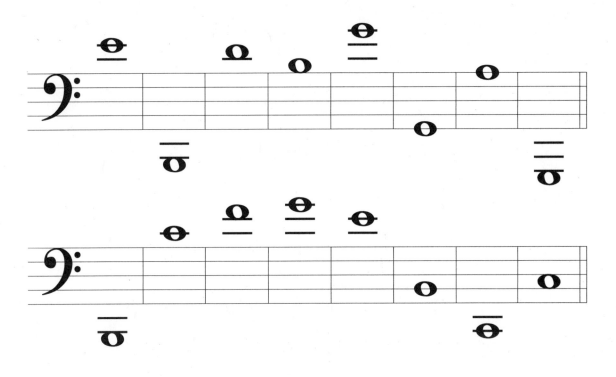

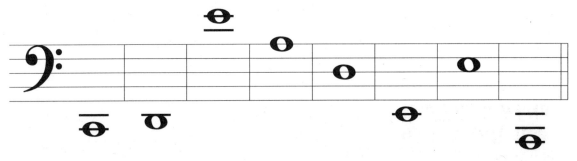

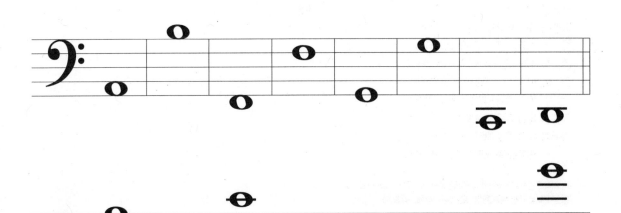

따라쓰기·연습하기
종합 음악 노트 ⑦

발행인 남 용
발행처 일신서적출판사
주 소 서울시 마포구 독막로 31길 7
등 록 1969년 9월 12일 (No. 10–70)
전 화 (02) 703–3001~5 (영업부)
      (02) 703–3006~8 (편집부)
F A X (02) 703–3009
I S B N 978–89–366–2741–6 94670
      978–89–366–2734–8 세트